MathStart®

洛克数学启蒙 **3**

MathStart®
洛克数学启蒙 ❸

开心
嘉年华

[美]斯图尔特·J. 墨菲　文

[美]乔治·乌尔里克　图

静博　译

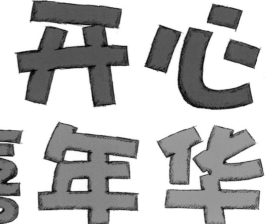

海峡出版发行集团 | 福建少年儿童出版社
THE STRAITS PUBLISHING ﹠DISTRIBUTING GROUP | FUJIAN CHILDREN'S PUBLISHING HOUSE

除　法

献给普里亚和米拉，他们总是有足够多的想法，可以帮助他们两个人做到平均分配。

——斯图尔特·J.墨菲

献给马修、妮和彼得·乔治。

——乔治·乌尔里克

DIVIDE AND RIDE

Text Copyright © 1997 by Stuart J. Murphy

Illustration Copyright © 1997 by George Ulrich

Published by arrangement with HarperCollins Children's Books, a division of HarperCollins Publishers through Bardon-Chinese Media Agency

Simplified Chinese translation copyright © 2023 by Look Book (Beijing) Cultural Development Co., Ltd.

ALL RIGHTS RESERVED

著作权合同登记号：图字 13-2023-038号

图书在版编目（CIP）数据

洛克数学启蒙. 3. 开心嘉年华 / (美) 斯图尔特·
J.墨菲文；(美) 乔治·乌尔里克图；静博译. -- 福州：
福建少年儿童出版社, 2023.9
ISBN 978-7-5395-8237-5

Ⅰ.①洛… Ⅱ.①斯… ②乔… ③静… Ⅲ.①数学 -
儿童读物 Ⅳ.①O1-49

中国国家版本馆CIP数据核字(2023)第074361号

LUOKE SHUXUE QIMENG 3 · KAIXIN JIANIANHUA
洛克数学启蒙3·开心嘉年华

著 者：[美]斯图尔特·J.墨菲 文 [美]乔治·乌尔里克 图 静博 译
出 版 人：陈远 出版发行：福建少年儿童出版社 http://www.fjcp.com e-mail:fcph@fjcp.com 社址：福州市东水路 76 号 17 层（邮编：350001）
选题策划：洛克博克 责任编辑：曾亚真 助理编辑：赵芷晴 特约编辑：刘丹亭 美术设计：翠翠 电话：010-53606116（发行部） 印刷：北京利丰雅高长城印刷有限公司
开 本：889 毫米×1092 毫米 1/16 印张：2.5 版次：2023 年 9 月第 1 版 印次：2023 年 9 月第 1 次印刷 ISBN 978-7-5395-8237-5 定价：24.80 元

今天，是我们 11 个好朋友来参加开心嘉年华的日子。

先去玩过山车，我们需要分一下组。
这里每排座位可以坐 2 个人，所有座位坐满了才可以启动。

我们可以坐满 5 排座位，但 11 个好朋友中会余下 1 人。

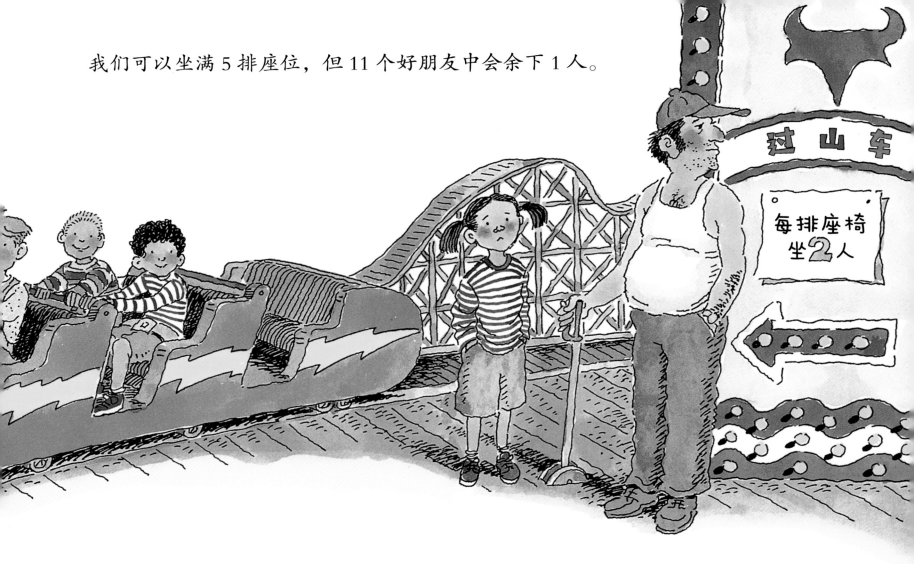

每排座椅
坐 2 人

过 山 车

$11 \div 2 = 5 \cdots\cdots$

余 1。

阿曼达对着一个一点儿都不熟悉的小孩大声喊道:
"快来快来,坐这里!"

8

$$11+1=12$$

$$12 \div 2=6$$

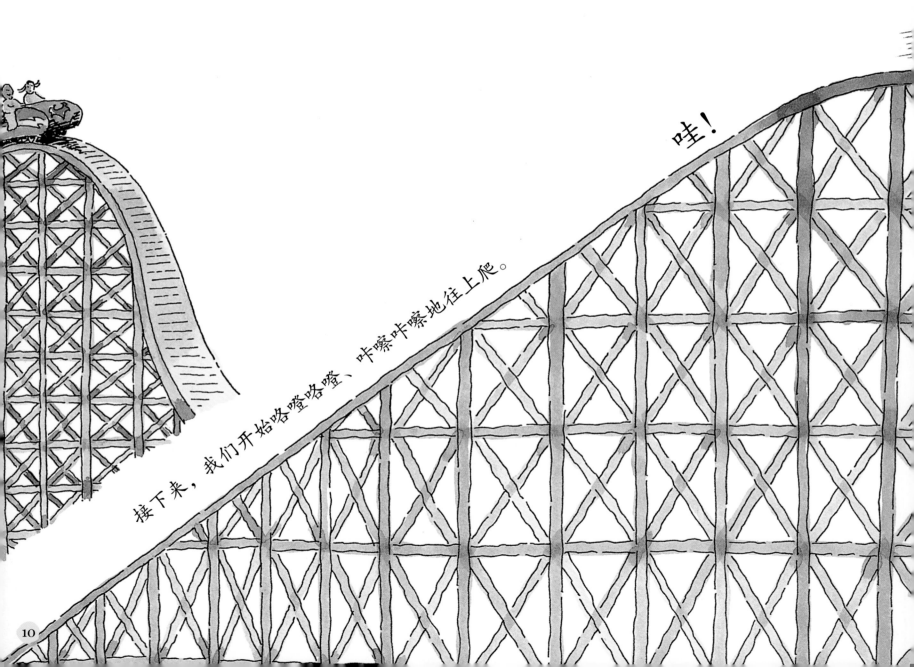

接下来，我们开始咯噔咯噔、咔嚓咔嚓地往上爬。

哇！

我们一路飞奔，直冲下去！

11

轮到玩摩天轮了，又到了需要分组的时候。

摩天轮

每排座椅坐3

这里每排座椅可以坐3人，每排都需要坐满，摩天轮才会启动。

我们可以坐满3排座椅，但11个好朋友中会余下2人。

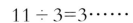

$11 \div 3 = 3 \cdots\cdots$

余 2。

帕蒂和杰克对着一个从没见过的小孩喊道："快来这里！"

$11+1=12$

$12 \div 3=4$

15

摩天轮开始转动。我们一路晃晃悠悠地来到了最高处。

转呀转呀，转了一圈又一圈！

17

接着来玩转转杯，我们又要进行分组了。售票员喊道："每个转转杯里坐 4 个人。等所有转转杯都坐满，就能启动了。"

我们可以坐满 2 个转转杯，但 11 个好朋友中会余下 3 人。

每个转转杯
坐 4 个人。

$11 \div 4 = 2\cdots\cdots$

余 3。

米琪、吉尔和罗布一起朝着一个完全不认识的孩子大喊："快到我们这里来！"

11+1=12

12 ÷ 4=3

21

我们开始左摇右转，

左转右摇。

转转

22

转得好快呀！

终于！我们来到了水上漂流，再也不用分组了。
这里一共有 14 个座位，所有座位都坐满才能出发。

要坐满所有座位，我们还需要 3 个孩子加入到 11 个好朋友的团队里。

$14-11=3$

所以我们朝那个一点儿都不熟悉的孩子大喊。

我们对着那个从没见过的孩子大喊。

我们向那个完全不认识的孩子大喊。

我们在水面上一会儿嗖嗖滑行，一会儿上下颠簸，一会儿荡来荡去。

最后"砰"地落在池底，

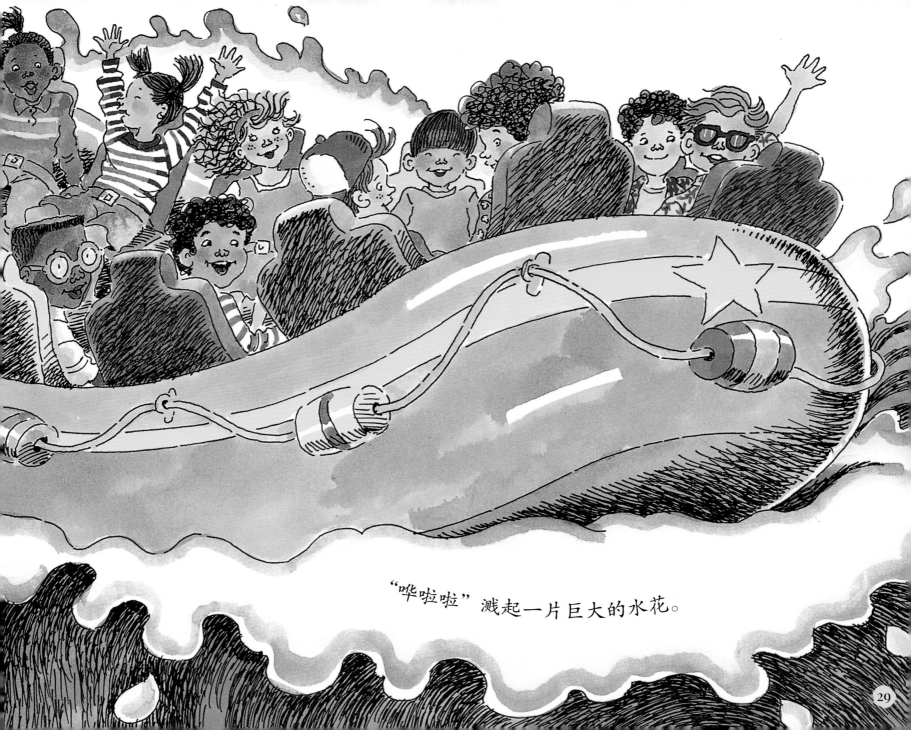

"哗啦啦"溅起一片巨大的水花。

今天成了 14 个好朋友的游园狂欢日！

11+3=14

写给家长和孩子

对于《开心嘉年华》中所呈现的数学概念，如果你们想从中获得更多乐趣，有以下几条建议：

1. 和孩子一起读故事，让他描述每幅画面中发生的情节。在读故事的过程中提出问题，例如："你最想玩哪个游戏？为什么？""一共 11 个好朋友，如果每排座椅坐 3 人，会余下几个好朋友？"

2. 鼓励孩子使用数学词汇来讲故事，例如："每"排座位上的孩子的数量、"除以"和"余"。向孩子介绍"被除数""除数"和"余数"等词汇。

3. 举一些日常生活中需要把大群体分成若干个小群体的情况，例如游戏时的分组，公共汽车上分排就座或者在多张桌子前就座。画出每种情况下的草图或示意图并讨论剩下的人的情况。他们能否组成新的小群体？是不是有人只能站在公共汽车上？桌子边有没有额外增加一把椅子？

4. 像故事里那样，用星星、硬币或鹅卵石来代表这 11 个好朋友。一起练习将这些好朋友分成 2 个一组、3 个一组或 4 个一组。每次分组后有没有余下的朋友？有多少个？

5. 再看一遍这个故事。如果是 14 个好朋友一起去参加开心嘉年华呢？他们在玩各个游乐项目时分别会占用多少个座位？有余下的朋友吗？

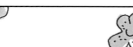

如果你想将本书中的数学概念扩展到孩子的日常生活中，可以参考以下这些游戏活动：

1. 零食派对：邀请一群朋友来分享零食。你可以拿一盒饼干、一些葡萄干或坚果，请朋友们来平均分配零食，看看每个朋友得到多少块饼干、多少颗葡萄干或坚果，以及有没有剩余。

2. 购物游戏：布置一个游戏糖果店，给孩子一把 1 元的硬币。将糖果分别定价为每颗 2 角、3 角、4 角和 5 角。看看用这些 1 元硬币可以买到多少颗 5 角钱的糖果。如果买每颗 3 角的糖果，能买到多少颗？还有没有剩下的零钱？

3. 纸牌游戏：和朋友们玩纸牌游戏，每个人轮流抓牌，看看每人能抓到多少张牌，有没有余下的牌。

洛克数学启蒙

1

《虫虫大游行》	比较
《超人麦迪》	比较轻重
《一双袜子》	配对
《马戏团里的形状》	认识形状
《虫虫爱跳舞》	方位
《宇宙无敌舰长》	立体图形
《手套不见了》	奇数和偶数
《跳跃的蜥蜴》	按群计数
《车上的动物们》	加法
《怪兽音乐椅》	减法

2

《小小消防员》	分类
《1、2、3，茄子》	数字排序
《酷炫100天》	认识1-100
《嘀嘀，小汽车来了》	认识规律
《最棒的假期》	收集数据
《时间到了》	认识时间
《大了还是小了》	数字比较
《会数数的奥马利》	计数
《全部加一倍》	倍数
《狂欢购物节》	巧算加法

3

《人人都有蓝莓派》	加法进位
《鲨鱼游泳训练营》	两位数减法
《跳跳猴的游行》	按群计数
《袋鼠专属任务》	乘法算式
《给我分一半》	认识对半平分
《开心嘉年华》	除法
《地球日，万岁》	位值
《起床出发了》	认识时间线
《打喷嚏的马》	预测
《谁猜得对》	估算

4

《我的比较好》	面积
《小胡椒大事记》	认识日历
《柠檬汁特卖》	条形统计图
《圣代冰激凌》	排列组合
《波莉的笔友》	公制单位
《自行车环行赛》	周长
《也许是开心果》	概率
《比零还少》	负数
《灰熊日报》	百分比
《比赛时间到》	时间